**Meine Herren!**

Indem ich dieses Katheder besteige, um von ihm herab meine
Vorlesungen über das österreichische Privatrecht zu eröffnen, bin ich von
einem Gefühle ängstlicher Beklommenheit nicht frei. Es sind Gründe,
die theils in persönlichen Verhältnissen, theils in der Schwierigkeit des
zu behandelnden Gegenstandes liegen, welche dieses Gefühl der Bangig-
keit in mir hervorrufen. Es geschieht zum erstenmale, daß ich überhaupt das Katheder betrete, um als Lehrer zu Lernenden, als Vortra-
gender zu Hörern zu sprechen. Es geschieht dieß an einer Hochschule,
welche die erste und ehrwürdigste in Deutschland bereits mehr als 500
Jahre hat vorüberziehen gesehen, seit Carl IV. die berühmte goldene
Bulle gab, die sie in's Leben rief [1]), und welche in diesem langen Be-
stande troß alles Wechsels ihrer innern Einrichtungen bis auf den heutigen Tag herauf den Ruhm bewahrt hat, daß ihre Glieder vom
Geiste der echten Wissenschaftlichkeit durchdrungen, ihre edelsten
Kräfte und ihre besten Bemühungen an die Erforschung und Erkenntniß
der Wahrheit setzen. Ueberdieß ist das Fach, welches zu lehren ich die
Aufgabe habe, nicht bloß in der Gegenwart bereits auf tüchtige Weise
vertreten, sondern es hatte sich auch in der Vergangenheit stets der
Pflege vortrefflicher Männer zu erfreuen, deren Erinnerung in der
österreichischen Juristenwelt immer lebendig fortleben wird. Insbesondere gedenke ich am heutigen Tage eines durch Characterstärke und durch
den glühendsten Eifer für die Hebung der österreichischen Rechtswissenschaft ausgezeichneten Mannes, der Jahre lang an dieser Hochschule ge-
lehrt und gewirkt hat, und dessen Grundansicht von der Aufgabe und
der Bedeutung einer Theorie des österreichischen Privatrechtes

_____

1) Tomek, Geschichte der Prager Universität. 1848. S. 2.

ich mit meiner besten Einsicht theile, so sehr und so oft ich auch in einzelnen Lehren und deren Begründung von dessen Meinung abzugeben genöthigt bin. Ich spreche von Michael Schuster, auf dessen Aus= sprüche ich mich im Laufe des heutigen Vortrages öfters berufen werde. Den Schwierigkeiten gegenüber, welche in diesen persönlichen Verhält= nissen liegen, muß ich Sie, meine Herren, um Ihre freundliche Nachsicht bitten. Es gehört eine nur im Laufe der Zeit erwerbbare Erfahrung dazu, in den Vorträgen das gehörige Maaß zu treffen, seine Zuhörer weder mit einem allzureichen, und mannigfaltig ausgeschmückten Stoffe zu überladen, noch andererseits ihre Auffassungsfähigkeit zu unterschätzen und ihnen weniger zu bieten, als sie zu fassen vermögen. Es soll mir nicht an der aufrichtigsten Bestrebung fehlen, in möglichst kurzer Zeit dieses richtige Verhältniß herzustellen.

Ich kenne für jeden Lehrer nur Ein Motto: es ist die Reimform: Wahr= heit und Klarheit. Der Lehrer soll das, was er als das Wahre erkannt hat, klar darstellen. Ein berühmter französischer Philosoph hat gesagt: Tout ce qui n'est pas clair n'est pas français. Ich glaube man kann richtiger sagen: Alles, was man Andern nicht klar darzustellen vermag, hat man selbst nicht klar begriffen. Mephistopheles sagt zwar in seiner berühmten Unterredung mit dem sich Raths erholenden Schüler: „Wo Begriffe fehlen, da stellt ein Wort zur rechten Zeit sich ein." Es ist aber eben Junker Satan, der diesen Ausspruch thut. Dieses Wort, welches sich zwar zur rechten Zeit einstellt, ist nicht das rechte Wort. Dieses, das rechte Wort stellt sich nur da ein, wo der rechte Begriff gefunden ist. Als Sokrates gefragt wurde, woher er seine klare faßliche Darstellungs= weise schöpfe, und wie es anzustellen sei, um gleich ihm sich so allgemein verständlich ausdrücken zu können, antwortete er: Omnes id bene dicere, quod bene scirent. So liegt daher in dem mündlichen Vortrage eine lebendige Probe für den Grad der eigenen Ausbildung und Kenntniß, und zugleich die lebhafteste Aufforderung, wahrgenommene Lücken aus= zufüllen und Begriffe, welche sich als schwankend erwiesen haben, zu befestigen. Docendo discimus. Ich werde bestrebt sein, nach besten Kräften diesen Satz für mich in Erfüllung zu bringen, dessen Vortheile auch Ihnen, meine Herren, mittelbar zu Gute kommen werden. — Ich will es versuchen, Ihnen dasjenige klar darzustellen, was ich als das Wahre erkannt habe. Um aber das Wahre zu erkennen und das als wahr Erkannte darzustellen, will ich es bescheiden versuchen einen an= dern Weg zu gehen, als jenen, welcher bei uns bisher gewöhnlich ein= geschlagen wurde. Ueber diesen Punkt muß ich mich hier näher aus=

# Ueber

## die wissenschaftliche Behandlung

des

## österreichischen

# gemeinen Privatrechts.

---

### Eine Antrittsrede

gehalten an der Prager Hochschule den 8. October 1853

von

## Joseph Unger,

Dr. der Philosophie und der Rechte, k. k. a. o. Professor der Rechte an der Universität zu Prag.

**Wien, 1853.**

**Verlag von Friedrich Manz.**

Rastlos vorwärts mußt du streben,
Nie ermüdet stille steh'n,
Willst du die Vollendung seh'n;
Mußt in's Breite dich entfalten,
Soll sich dir die Welt gestalten;
In die Tiefe mußt du steigen,
Soll sich dir das Wesen zeigen.

      Schiller.

# Vorwort.

Einem mehrseitig ausgesprochenen Wunsche und insbesondere dem lebhaft gefühlten Bedürfniß entsprechend, mich über die mir gestellte Aufgabe klar auszusprechen und über die streng gezogenen Grenzen, innerhalb deren zu wirken ich mich bestreben werde, keinen Zweifel zu lassen, habe ich die folgenden Blätter dem Druck übergeben. Ich habe in Anmerkungen dasjenige aufgenommen, was mir dazu geeignet schien, das im Text Gesagte zu unterstützen. Auch habe ich jenen Theil der Rede mit abdrucken lassen, welchen ich aus Mangel an Zeit nicht lesen konnte. — Favete linguis!

Prag, den 10. Oktober 1853.

Unger.

sprechen, weil er die Stellung bezeichnet, welche ich mit meinen Vorträgen einnehmen will und weil er die Erklärung und Rechtfertigung
dafür enthält, daß ich meine Vorlesungen angekündigt habe, als: Vorlesungen über das österreichische Privatrecht in systematischer Darstellung und in Vergleichung mit dem römischen,
dem älteren österreichischen Rechte und den Gesetzgebungen
des Auslandes.

Ueberall, wo es ein gesetzliches Recht, das heißt im Gegensatze
zum Gewohnheitsrecht, ein von der höchsten Gewalt im Staate gege-
benes Gesetz in schriftlicher Abfassung gibt, wird die Thätigkeit Jener,
welche mit der theoretischen Auffassung und Darstellung oder mit der
praktischen Anwendung desselben beschäftiget sind, dahin gehen, die
Aechtheit des Gesetzestextes festzustellen, und aus der für ächt erkannten
Urkunde den Willen des Gesetzgebers mit Hülfe der Regeln der Gram-
matik und der angewandten Logik zu erforschen. Die erstere Thätigkeit
heißt Kritik, die letztere Exegese. Bei modernen Gesetzbüchern kann
das Geschäft der Kritik nur ein geringes, unbedeutendes sein. Darüber,
daß das Gesetzbuch selbst eine ächte Urkunde sei, kann kein Zweifel ob-
walten: dieser kann sich nur auf einzelne Sätze und Ausdrücke beziehen,
bei welchen ein Schreib- oder Druckfehler sich eingeschlichen haben
mag [1]. In letzterer Beziehung war die Kritik auch beim österreichischen Gesetzbuche thätig [2]. Um so größer ist dagegen das Geschäft des
Exegeten. Der Exeget schreitet von einer gesetzlichen Verfügung, von
einem Gesetzesparagraphen zum andern fort, und sucht den Sinn des-

---

1) Dieser Zweig der Kritik wird von Manchen (Falck jurist. Encyclop.
5. Ausg. 1851 S. 148, Wächter Handb. des würtemb. Privatr. II. §. 26) die
niedere, von Savigny dagegen (System I. S. 242) die höhere Kritik genannt.
Beispiele merkwürdiger Druckfehler bei Falck a. a. O. N. 34. Ein Druckfehler im
preuß. Landr. II 8. §. 2429. Beneke System der Assekuranzen IV. S. 498. Einen
anderen merkwürdigen Druckfehler erwähnt Savigny a. a. O. S. 246. Bangerow
(Leitfad. I. S. 34) meint daher mit Unrecht, daß die Kritik bei einer authentischen
Gesetzesurkunde ganz ausgeschlossen sei.

²). So hieß es im §. 591 der ersten Ausgabe in gr. 8. „Jünglinge und Frauenspersonen unter 18 Jahren" statt „Frauenspersonen und Jünglinge unter 18 Jahren."
Dieser Fehler wurde in der zweiten Ausgabe in gr. 8. corrigirt. So steht in
den frühern Ausgaben im §. 163 „sieben" statt „sechs": dieser Fehler wurde in dem
Abdruck des Gesetzb. in der J. G. S. berichtigt und auf diesen Abdruck verweist auch
das Hofdecret v. 5. April 1822. In der ämtl. Ausgabe für Ungarn ist dieser Fehler
beseitigt.

selben dadurch zu gewinnen, daß er die eigenthümliche Bedeutung der
Worte in ihrem Zusammenhang erforscht und auf alle aus der bezüg-
lichen Gesetzesstelle sich ergebenden Umstände achtet, welche auf den Willen
des Gesetzgebers einen Einfluß haben konnten, woraus also mit Anwendung der Regeln der Logik auf den Willen, auf die klare Absicht des
Gesetzgebers geschlossen werden kann. Der gewonnene Sinn wird mit
Worten, welche von denen der Gesetzesstelle verschieden sind, dargestellt,
die Absicht des Gesetzgebers hervorgehoben und durch practische Beispiele die nothwendige Erläuterung verschafft. Bei dieser Methode wird
daher nach der Weise des Gesetzbuches Schritt für Schritt fortgegangen,
jeder Paragraph seinem ganzen Umfange nach erklärt und in der Regel
nur dasjenige gesagt, was unmittelbar dahin gehört[1]). Diese Methode
eignet sich insbesondere dazu, schnell mit einem erst bekannt gewordenen
oder eben erst erschienenen Gesetzeswerke vertraut zu werden, und dasselbe für die Erfordernisse der täglichen Praxis zurecht zu legen. Wir
treffen diese Methode daher überall, wo jene thatsächlichen Bedingungen
gegeben sind. So war die Thätigkeit jener Männer beschaffen, welche
sich im zwölften Jahrhundert mit dem wiederaufgenommenen Studium
des römischen Rechts beschäftigten, und dieselbe glossatorische Thätigkeit
treffen wir unmittelbar nach der Entstehung der neuen Gesetzbücher bei
den preußischen, französischen und österreichischen Juristen.

Diese exegetische Methode vermag jedoch für sich allein den
Anforderungen der Wissenschaft auf die Dauer nicht zu genügen. Ja,
sie drängt aus sich selber zur Verbindung mit einer andern Methode
heraus. Bei der Interpretation des einzelnen Paragraphen merkt man
bald, daß, um den Sinn einer in Frage stehenden gesetzlichen Bestimmung nach allen Seiten hin zu verstehen, noch andere Paragraphe,
welche von derselben oder einer verwandten Materie handeln, zu Hilfe
genommen werden müssen, sei es nun, um die Bestimmung zu ergänzen
oder sie durch Abgrenzung von verwandten Normirungen zu desto kla-
rerer Auffassung zu erheben. Man schreitet nunmehr dazu, die Paral-
lelstellen aufzufinden und verwandte Paragraphe gemeinschaftlich zu behandeln. So handeln, um ein Beispiel zu gebrauchen, welches Schuster
in seiner Einleitung zum Baurecht aufstellt, 55 Paragraphe des österreichischen Gesetzbuches vom Zufall. Will man daher einen einzelnen
Paragraph verstehen, welcher über eine Frage entscheidet, in welcher der

---

[1]) Vergl. Schuster's Theoretisch-practischen Commentar über das allgem.
b ürgerl. Gesetzbuch, Thl. I. S. XVIII.

Zufall zu einer rechtlichen Bedeutung gelangt, so muß er mit den übrigen 54 §§. im Zusammenhang gebracht werden. Indem man dies thut, hat man sich unbewußt auf eine höhere Stufe erhoben, nämlich auf die der systematischen Methode. Ich muß mich hierüber näher erklären, da ich eben diese systematische Methode bei meinen Vorträgen anwenden will.

Jedes positive bürgerliche Recht besteht aus Rechtsinstituten und Rechtsregeln. Die Rechtsregeln werden angewendet bei der Beurtheilung der zwischen bestimmten Menschen bestehenden Rechtsverhältnisse, welche sie bestimmen und beherrschen. Unter Rechtsverhältnissen aber versteht man die rechtlichen Beziehungen, in welchen Menschen zu einander stehen [1]. So z. B. steht der Schuldner aus einem Darlehen zu seinem Gläubiger in einem Rechtsverhältnisse. Soll über dieses Rechtsverhältniß geurtheilt werden, so müssen eine oder mehrere Rechtsregeln darauf angewendet werden, so z. B. die Rechtsregel, daß der Darlehensvertrag erst dann geschlossen ist, wenn der darzuleihende Gegenstand hingegeben wurde.

Die einzelnen Rechtsregeln, welche die Rechtsverhältnisse bestimmen, stehen untereinander ebenso in einem innern Zusammenhang, wie diese Rechtsverhältnisse selbst. Denn „die Rechtssätze, die das Recht eines Volkes bilden, sammeln sich in gewissen Massen, nach den Verhältnissen, die sie bestimmen, und solche Massen von Rechtssätzen heißen Rechtsinstitute" [2]. So z. B. bilden alle Rechtsregeln, durch welche die rechtlichen Beziehungen zwischen Ehegatten bestimmt werden, das Rechtsinstitut der Ehe. „Es hat daher die einzelne Rechtsregel ihre tiefere Grundlage in der Anschauung des Rechtsinstitutes, und wenn wir nicht bei der unmittelbaren Erscheinung stehen bleiben, sondern auf das Wesen der Sache eingehen, so erkennen wir, daß in der That jedes Rechtsverhältniß unter einem entsprechenden Rechtsinstitute als seinem Typus steht und von diesem auf gleiche Weise beherrscht wird, wie das einzelne Rechtsurtheil von der Rechtsregel" [3]. Rechtsinstitute sind, wie Böcking sagt [4], das mit dem ganzen Volksleben im Zusammenhang stehende Allgemeine der besonders gestalteten Arten von Verhältnissen der Rechtssubjecte zu einander und zu den Rechtsobjecten. Sie sind,

---

1) Puchta Cursus der Institut. Bd. 1. §. 21.
2) Puchta a. a. O. §. 6.
3) Savigny System Bd I. §. 5.
4) Institutionen, Bd. I. §. 29 Note 1.

wie Gaupp sagt [1]), die allgemeinen Typen, die Grundformen für die rechtlichen Gedanken, welche im Bewußtsein des Volkes leben. Ist nun das Rechtsinstitut die tiefere Grundlage der Rechtsregel und die allgemeine Grundform der Rechtsgedanken, so muß man, um den einzelnen Rechtssatz zu verstehen, von der Anschauung des ganzen Rechtsinstitutes ausgehen. Zu dieser Anschauung gelangt man aber wieder nur durch wissenschaftliche Zusammenfassung aller besonderen Rechtsregeln, welche dasselbe in der Abstraction darstellen. Man muß somit vom Besondern zum Allgemeinen aufsteigen, und von diesem wieder zum Einzelnen herabgehen. Da also, wo ein gesetzliches Recht in schriftlicher Aufzeichnung vorhanden ist, wird die Aufgabe dahin gehen, sich durch die Betrachtung der verschiedenen zusammengehörigen Gesetzesstellen· zu einer klaren Anschauung des Rechtsinstitutes zu erheben, wie es dem Gesetzgeber vor Augen stand. Denn das einzelne Gesetz ist nichts Anderes, als der Ausspruch der höchsten Gewalt im Staate über die Rechtsregel [2]). Diese Rechtsregel selbst aber bildet der Gesetzgeber nur durch Abstraction aus dem ihm vorschwebenden Rechtsinstitute. So hatte z. B. der österreichische Gesetzgeber das Rechtsinstitut der monogamischen Ehe vor Augen und die einzelnen Paragraphe des Gesetzbuches vom Jahre 1811 sind die Rechtsregeln, welche er mit Hinblick auf das von ihm gewollte Rechtsinstitut aufgestellt hat. Die Aufgabe der wissenschaftlichen Thätigkeit muß daher dahin gehen, aus den einzelnen Paragraphen des Gesetzbuches jedes Rechtsinstitut nach allen seinen Seiten und Besonderheiten so zu reconstruiren, wie es vor den Augen des Gesetzgebers stand. Während daher der Gesetzgeber analytisch zu Werke geht, und aus der Idee des von ihm gewollten Rechtsinstituts heraus die einzelnen Begriffe und Sätze durch Abstraction gewinnt, muß umgekehrt der wissenschaftliche Jurist synthetisch verfahren, indem er durch die Zusammenstellung und organische Gruppirung der einzelnen Gesetzesstellen das Rechtsinstitut selbst wieder herstellt. Daher läßt sich die rein wissenschaftliche Thätigkeit gerade da am allerwenigsten entbehren, wo es förmliche Gesetzbücher gibt. Es leuchtet hieraus ein, wie widersinnig es war, wenn man glaubte, daß mit der Einführung neuer Gesetzbücher die wissenschaftliche Thätigkeit überflüssig geworden sei, und wie es einst Justinian that, wie es anfänglich in Preußen und

---

1) Ueber die Zukunft des deutschen Rechts: Eine germanistische Abhandlung. Breslau 1847. §. 3.

2) Savigny a. a. §. 5.

Baiern geschah, den Juristen die freie Behandlung des Gesetzbuches un-
tersagen wollte. Denn gerade die Form, in welcher das Gesetzbuch auf-
tritt, erhebt die wissenschaftliche Thätigkeit zur gebieterischen Nothwendigkeit. Ich erlaube mir die Worte Savigny's anzuführen: „Die
Form des Gesetzes wird sowohl durch sein Hervorgehen aus der höchsten
Gewalt, als durch die absolute Macht, womit es wirken soll, bestimmt.
Jener Entstehung und dieser Wirkung kann Nichts angemessener sein,
als die abstracte Form der Regel und des Gebots. Alles Andere, was
damit verbunden werden könnte, Entwicklung, Darstellung, Einwirkung
auf die Ueberzeugung, ist der Natur des Gesetzes fremd und gehört
andern Sphären der Mittheilung an. Dadurch entsteht indeß ein Miß-
verhältniß zwischen dem Gesetz und dem Rechtsinstitut, dessen organische
Natur in jener abstracten Form unmöglich erschöpft werden kann. Dennoch muß dem Gesetzgeber die vollständigste Anschauung des organischen
Rechtsinstituts vorschweben, wenn das Gesetz seinem Zweck entsprechen
soll, und er muß durch einen künstlichen Proceß aus dieser Totalan-
schauung die abstracte Vorschrift des Gesetzes bilden: ebenso muß derjenige, der das Gesetz anwenden soll, durch einen umgekehrten Proceß
den organischen Zusammenhang hinzufügen, aus welchem das Gesetz
gleichsam einen einzelnen Durchschnitt darstellt" [1]. „Nur dem Juristenstand aber machen es die freien und mannigfaltigen Formen, in welchen
er sich bewegen kann, möglich, die abstracte Regel des Gesetzes in dem
lebendigen Zusammenhang mit dem Rechtsinstitute darzustellen, von
dessen Anschauung allerdings auch das Gesetz ausgegangen ist, die aber
nicht unmittelbar in demselben sichtbar wird" [2].

Bei der exegetischen Methode hält man sich stets an den einzelnen Paragraphen und bekommt daher nie etwas Ganzes, sondern
stets nur Bruchtheile. Man hält sich lediglich an die Rechtsregeln,
ohne sie zum Bilde des organischen Rechtsinstituts zu verweben.
Es gilt von der exegetischen Methode, was der Dichter von der Chemie
sagt: Sie hat die Theile in ihrer Hand, fehlt leider nur das geistige
Band. Dieses geistige Band schlingt die systematische Methode um die
auf exegetischem Wege gewonnenen Theile. Sie brauchen daher, meine
Herren, nicht zu besorgen, daß bei den Vorträgen in systematischer Darstellung, welche ich angekündigt habe, Ihnen der Text des Gesetzes ferne
gerückt werde — eine Besorgniß, welche man in dieser Beziehung öfters

---

1) a. a. O. Bd. 1. S. 44.
2) a. a. O. S. 78.

äußern hört. Denn das Rechtsinstitut lernen wir erst aus den Rechtssätzen kennen: diese selbst aber sind eben in Form von Gesetzesparagraphen ausgedrückt. Nicht gegen die exegetische Methode, sondern gegen
die Exclusivität und den Absolutismus derselben haben wir uns zu
erklären. Ich kann es daher auch nur als einen halben Schritt ansehen,
wenn man zu den einzelnen Paragraphen die Parallelparagraphe hinzu-
drucken läßt, oder selbst bei der Erörterung derselben auf Aehnlichkeiten
und Unterschiede hinweist. Die ganze Lehre als solche muß dargestellt
werden. So z. B. die ganze Lehre vom Zufall, von den Bedingungen,
von der Zeit. Erst indem man die ganze Lehre zu erfassen sucht, kommt
man zur klaren Erkenntniß, welches die leitenden Grundsätze seien, von
denen der Gesetzgeber ausgegangen sei, und wonach er das fragliche
Rechtsinstitut gebildet habe, und in welchem Verhältniß die andern
Bestimmungen zu diesen leitenden Grundsätzen stehen, ob sie Ausflüsse
derselben oder singuläre Abweichungen seien. Erst dadurch also kommt
man zur Kenntniß der Natur der Sache, der ratio juris, als der, aus
dem ganzen Zusammenhang der geltenden Rechts-Bestimmungen herflie-
ßenden Prinzipien[1]. Erst dadurch lernt man beurtheilen, ob die einzelne Rechtsregel contra oder secundum rationem juris gebildet sei —
woraus sich dann wieder das wichige producere oder non producere
ad consequentias ergibt[2]. Alle Analogie, sowohl die Gesetzesanalogie,
als die Rechtsanalogie, beruht auf dieser Erkenntniß der ratio juris,
der innern Natur der Sache[3]. Die meisten der neuen Interpreten[4]
des vielbesprochenen §. 7 des österr. Gesetzbuches sind nun darüber
einig, daß unter den natürlichen Rechtsgrundsätzen, worauf sich dieser Paragraph beruft, nicht ein beliebig gewähltes System irgend eines Natur-
rechtes, sondern eben jene innere Natur der Sache zu verstehen sei,
wie sie aus den getroffenen Bestimmungen des Gesetzgebers, also aus
dem Geiste der ganzen Gesetzgebung erkannt werde. Soll daher der §. 7.
auch in der That so angewendet werden, wie er von diesen Interpreten
verstanden wird[5], so muß bei der Behandlung des österreichischen Gesetzbuches die systematische Methode angewendet werden.

1) Eichhorn Einleitung in das deutsche Privatrecht. 5. Ausg. §. 40 Note d.
2) L. 14 D. de L. L. (1, 3). Quod vero contra rationem juris receptum est,
non est producendum ad consequentias.
3) Kierulff, Theorie des gemeinen Civilrechts Bd. I. §. 4.
4) Wagner, Handbuch des in Oesterreich geltenden Wechselrechts. Bd. I. S.
Winiwarter, Commentar Bd. I. §. 33. Berger in der Zeitschrift für österreichische
Rechtswissenschaft. 1843. Bd. I. S. 253 — 261. Stubenrauch Commentar S. 96-97.
5) Ich glaube jedoch, daß die Rechtsanalogie schon in der ersteren Hälfte des

Ich kann mir nicht versagen, die Aussprüche meines berühmten
Vorgängers in diesem Lehrfache, des Professors Schuster, über jenen
Punkt anzuführen, da er bereits in den Jahren 1818 und 1819 die
Nothwendigkeit der systematischen Methode mit Bestimmtheit aussprach
und sich darüber eine klare Erkenntniß gebildet hat, wie seit ihm meines
Wissens nur Wenige. Bedenkt man überdieß, daß die Aeußerungen,
welche ich nunmehr anführen werde, zu einer Zeit gemacht sind, wo
die Rechtswissenschaft in Deutschland noch ferne von der hohen Ausbildung stand, auf welche sie die systematischen Arbeiten Puchta's,
Savigny's und ihrer Anhänger brachten, so werden wir mit desto
größerer Bewunderung für jenen Mann erfüllt werden. Schuster sieht
die Aufgabe der österreichischen Juristen darin, die Theorie aufzustellen,
„welche dem ganzen Systeme des österreichischen Gesetzbuches und den
einzelnen Rechtsinstituten zu Grunde liege", denn „da der Gesetzgeber nur die Folgerungen seiner Theorie ausgesprochen, so sei
ihr Wiederauffinden eine Sache des theoretischen Forschers." Die exegetische Methode allein vermag auch ihr nicht zu genügen „denn es zeigt
sich fast immer, daß die bloße Erörterung desjenigen Paragraphes, den
man eben erläutere, nicht genüge, ja daß er oft nicht einmal einen
Stützpunkt gewähre, wohl aber immer eine Hinweisung auf Grundsätze
erforderlich sei, welche in ganz andern Paragraphen liegen." „Unendlich
viele Rechtsfragen lassen sich nur durch Zusammenstellung mehrerer
Paragraphe beantworten; in der Anwendung unterliegen auch viele
Parallel-Gesetzesstellen einer bedeutenden Schwierigkeit; die meisten
Rechtsinstitute, wenn sie vollständig entwickelt werden sollen, bedürfen
des Vor- und Rückblicks auf mehrere im Gesetzbuche zerstreute Paragraphe und setzen gewöhnlich eine vollständige Kenntniß des bürgerlichen
Gesetzbuches voraus." Es ist daher die systematische Methode erforderlich,
„denn alle Paragraphe z. B. die vom Zufall handeln, enthalten keines-
wegs eben so viele verschiedene Vorschriften, sondern sind nur das Er-
gebniß einer eigenen zum Grunde liegenden systematischen Lehre. Diese
muß daher erforscht werden" [1].

Die systematische Methode besteht, wie ich gezeigt zu haben
glaube, darin, daß man sich über die Rechtsregeln zur Erkenntniß und Ver-
arbeitung der Rechtsinstitute erhebt. Die systematische Behandlung der

---

§. 7. befaßt sei, daß dagegen unter den natürlichen Rechtsgrundsätzen des §. 7. das
gemeinsame Rechtsbewußtsein des Volkes zu verstehen sei. S. unten.

1) S. die Vorrede zu seinem Commentar und zu seinem Baurecht.

Rechtsinstitute kann nun wieder eine zweifache sein. Man kann die
Rechtsinstitute selbst in der Ordnung behandeln, in welcher sie das
Gesetzbuch enthält, oder man stellt sie in einer hiervon abweichenden
Ordnung dar. Die erstere Methode nennt man gewöhnlich die Legalordnung, die letztere die systematische Methode κατ' ἐξοχήν. Die Legalordnung selbst ist also ebenfalls ein System[1]): nämlich das System des
Gesetzbuches. Die Legalordnung unterscheidet sich daher immerhin wesentlich von der exegetischen Methode, denn sie gibt die Ordnung der Paragraphe oder Fragmente auf, und stellt den innern Zusammenhang der
einzelnen Lehre dar, behält jedoch die Reihenfolge der Titel oder Haupt-
stücke bei. Es geschieht daher mit Unrecht, wenn man die Darstellung
des österreichischen Gesetzbuches in der Reihenfolge der Paragraphe die
Legalordnung nennt. Es ist dieß lediglich die exegetische Methode. Diese
exegetische Methode finden wir in fast allen bisherigen Commentaren
des österreichischen Gesetzbuches, selbst in den neuesten. Der Legalordnung
huldigt meines Wissens nur Ein Commentar; es ist der Winiwarter's.
Wenn man die Darstellung der Rechtsinstitute eines Gesetzbuches in
einer, von der in demselben befolgten Reihe abweichenden Ordnung
insbesondere oder sogar ausschließlich die systematische (ohne Zusatz)
nennt, so kann dies, wie ich glaube, nur dann gerechtfertigt sein, wenn
eben dieses System nicht ein von willkürlichen Gesichtspunkten aus
construirtes[2]), sondern dasjenige ist, welches die einzelnen Rechtsinstitute in ihrer innern Verwandtschaft darstellt[3]). Denn auch die Rechts-

---

1) Böcking Institutionen §. 27 N. 4. Biener nennt in seinem Aufsatze „Ueber
die historische Methode und ihre Anwendung auf das Criminalrecht" S. 476 ff. die
Legalordnung die dogmatische Methode und setzt sie der systematischen entgegen. Ebenso
bezeichnen die meisten Neueren die Legalordnung nicht mit dem Namen der systematischen Methode. Vergl. Falck „Juristische Encyclopädie" 5. Ausg. 1851. §. 91. Dieß scheint
aber mit Unrecht zu geschehen; denn die Legalordnung ist das System des Gesetzbuches
und auch Biener gebraucht den Ausdruck, daß die Systeme secundum ordinem lega-
lem im 17. und 18. Jahrhundert herrschend waren.

2) So ordnet z. B. Julianus Clarus in seinem Sententiarum receptarum liber V.
die Verbrechen nach dem Alphabet. Und dasselbe „System" treffen wir bei vielen
älteren österreichischen Juristen. So bei Suttinger, Beckmann, Serponte und
vielen Andern. Ja das berühmte Brünner Schöffenbuch (die früher s. g. Pandectae
Brunenses) sind in alphabetischer Ordnung angelegt. Roßler Rechtsdenkmäler Bd.
II. 1853. (Nicht zu verwechseln mit dieser Methode ist die Anlage der böhmischen
Landesordnungen nach dem Alphabet).

3) Die individuelle Ansicht des einzelnen Bearbeiters wird auch hier nicht ganz
ausgeschlossen sein; daher kommt es, daß die neuern Gelehrten zwar über das System
im Ganzen und Großen, nicht aber über dessen Ausführung im Einzelnen einig sind.

institute selbst stehen untereinander ebenso in einem organischen Zusammenhang, wie die einzelnen Rechtsregeln, und der systematischen
Methode wird dann erst Genüge geleistet, wenn auch dieser Zusammenhang der Rechtsinstitute erkannt und dargestellt wird. Alle Rechtsinstitute bestehen zu einem System verbunden und können nur in dem großen
Zusammenhang dieses Systems, in welchem deren organische Natur
erscheint, vollständig begriffen werden[1]). Man muß hierbei zwischen der
Aufgabe eines Gesetzbuches und der eines Lehrbuches wohl unterscheiden.
Die Tendenz eines Gesetzbuches ist die vorwiegend praktische. Manche
Partien, welche der strenge Systematiker der Consequenz seiner Prinzipien zu Folge von einander getrennt behandeln muß, wird der Gesetzgeber aus einem oft äußerlichen Grunde, wegen der leichtern Ueber-
sichtlichkeit und Verständlichkeit oder wegen der Gemeinsamkeit in manchen praktischen Punkten vereint behandeln: ebenso umgekehrt öfters
das systematisch Zusammengehörige trennen, um ihm durch die Trennung
und die Versetzung in andere Umgebung die gewünschte Berücksichtigung
und Deutlichkeit zu verschaffen[2]). Auch mag der Gesetzgeber sich damit
begnügen, einzelne Rechtsinstitute in wenigen Rechtsregeln zu zeichnen
und diese Rechtsregeln an einem ihm passenden Orte auszusprechen.
So werden z. B. im österreichischen Gesetzbuche die Rechtsregeln von
den Bedingungen im 12. Hauptstück des II. Theils bei den Testa-
menten und Vermächtnissen aufgestellt. Nichtsdestoweniger ist die Kenntniß der Lehre von den Bedingungen schon im 4. Hauptstück des I.
Theils erforderlich, wo von der Bestellung eines Vormundes unter
einer auflösenden Bedingung die Rede ist (§. 256). Es kann daher
leicht der Fall sein, daß die Legalordnung demjenigen Zweck, welchen
man durch die systematische Methode zu erreichen strebt, nicht entspricht.
In einem solchen Falle befinden wir uns, wie ich glaube, rücksichtlich des
österreichischen Gesetzbuches. Dieß braucht aber deßhalb noch nicht die
Veranlassung zu sein, die systematische Methode überhaupt für die
Behandlung des österreichischen Gesetzbuches als eines Ganzen aufzu-
geben und bloß einzelne Monographien und Abhandlungen zu liefern,
z. B. eine Monographie über die Lehre von den Bedingungen. In
dieses Extrem ist Schuster verfallen. Nachdem er den ersten Band seines
Commentars geschrieben hatte, erkannte er ganz richtig, daß die Ein-
haltung der Legalordnung nicht zum gewünschten Ziele führe. Denn

---

1) Savigny a. a. O. Bd. I. §. 5.
2) S. meine Besprechung des Entwurfs eines bürgerl. Gesetzbuches für das
Königr. Sachsen. Wien 1853. S. 20.

der Zusammenhang der Darstellung müßte unterbrochen werden, um Lehren zu gewinnen und zu begründen, welche erst späterhin im Gesetzbuche aufgestellt werden. So müßte, um Schusters Beispiel selbst wiederzugeben, die Lehre vom Zufall bereits dem §. 46 beigefügt werden, und „da sich dieselbe nicht ohne Erforschung des Geistes von 55 §§. aufstellen läßt, so würde dieß offenbar nur auf Kosten der lichtvollen Uebersicht der systematischen und mit jener verschmolzenen Lehre eines andern Rechtsinstitutes, z. B. in dem aufgestellten Falle mit jener des Eherechtes geschehen können“[1]). Schuster meinte daher, man müsse, bevor man an die Commentirung des Gesetzbuches selbst schreite, in eigenen Abhandlungen gewisse Rechtsfragen erörtern. Er befand sich darin im geraden Gegensatze zu Nippel, welcher in einer solchen einzelnen Abhandlung geäußert hatte, er müßte, um sich ein gründliches Urtheil zu verschaffen, erst einen (freilich exegetischen) Commentar über das Gesetzbuch geschrieben haben[2]). Schuster kam bei seiner Ansicht in manche Widersprüche[3]), und vermochte insbesondere keinen Anfang zu gewinnen; denn die meisten begonnenen, zum Theile ihrem Ende zugeführten Arbeiten wurden immer wieder durch andere von ihm als nothwendig erachtete Vorarbeiten unterbrochen[4]). Wie kommt man aus diesem circulus vitiosus heraus? Wie gewinnt man einen sichern Ausgangspunkt? Ich glaube dadurch, daß man von der Legalordnung abweicht und für die Behandlung des ganzen Gesetzbuches jenes System einschlägt, welches in dem organischen Zusammenhang der einzelnen Rechtsinstitute liegt. So kommt man z. B. durch das obige Beispiel leicht zu der Bemerkung, daß es gewisse allgemeine Lehren gebe, welche bei allen oder doch den meisten Rechtsverhältnissen vorkommen, und welche daher vor diesen in einem allgemeinen Theil behandelt werden müssen. Gäbe es daher auch noch so viele gute Monographien, so könnte man dennoch des Systems nicht entbehren. Denn wie Savigny bemerkt, liegt der wesentlichste Unterschied darin, daß in der Monographie der Standpunkt eines einzelnen Rechtsinstitutes willkürlich gewählt wird, um von diesem aus die Beziehungen zu dem Ganzen zu erkennen; hiedurch aber wird die Auswahl und die Anordnung des Stoffes eine ganz

---

1) Einleitung in das Baurecht S. XI. XII.

2) Schuster in der Zeitschrift für österreichische Rechtsgelehrs. S. Jahrgang 1831. Bd. I. S. 38.

3) Vergl. S. XV. der Einleitung in das Baurecht.

4) Schuster in der Zeitschrift für österr. Rechtsgelehrs. S. Jahrgang 1829. Bd. I. S. 2.

andere, als da, wo dasſelbe Rechtsinſtitut im Zuſammenhange eines
völligen Rechtsſyſtemes darzuſtellen iſt. In die nähere Erörterung, in
welchem Zuſammenhang die einzelnen Rechtsinſtitute ſtehen, und in
welchem Zuſammenhang ich ſie darſtellen werde, kann ich mich heute
nicht einlaſſen. Es genügt wohl, zu bemerken, daß das Syſtem, welches
ich befolgen werde, im Ganzen und Großen jenes iſt, welches Puchta
und Savigny aufgeſtellt und ihre Anhänger befolgt haben. Denn
durch dieſes Syſtem wird der geſammte Rechtsſtoff recht eigentlich
bewältigt und der Organismus des Rechts vollſtändig begriffen. Erſt
in dieſem Syſteme, wie es jene Männer aufgeſtellt haben, iſt daher
auch das römiſche Recht als ein fremdes überwunden und zum eigenen
verarbeitet worden. Deßhalb feiert man von der Zeit der Aufſtellung
dieſes Syſtems eine neue Aera der Rechtswiſſenſchaft [1], und ich glaube,
daß wir nur der Natur der Sache gemäß handeln, wenn wir in dieſem
Syſteme auch das öſterreichiſche Privatrecht darſtellen, da es ja hiebei
auf die nationelle Verſchiedenheit nicht ankommt. Ich werde daher einen
allgemeinen Theil geben, und dieſem Vorträge über das dingliche
Sachenrecht, das Obligationenrecht, das Familien- und Erbrecht
folgen laſſen. Mit dem allgemeinen Theil und dem dinglichen Sa-
chenrechte werden wohl die Vorträge für dieſes Winterſemeſter erſchöpft ſein.

Sowohl die Rechtsinſtitute, als die Rechtsregeln ſind nichts Blei-
bendes, Unveränderliches. Sie haben, wie alles Zeitliche, ihre Geſchichte.
Die Rechtsinſtitute ſind hiebei das Stabilere: dennoch ſind auch ſie
nicht unbeweglich. So herrſchte, um in die Rechtsgeſchichte unſeres
Vaterlandes zu greifen, noch im vorigen Jahrhundert die geſetzliche
Gütergemeinſchaft zwiſchen Ehegatten, bis Kaiſer Joſeph dieſes Rechtsinſtitut aufhob. So gab es noch vor dem Jahre 1848 manche Rechtsinſtitute, welche ſeither beſeitigt worden ſind. Beweglicher als die
Rechtsinſtitute ſind die Rechtsregeln. Sie wechſeln raſcher, weil die
Bedürfniſſe ſelbſt wechſeln, welche ſie befriedigen ſollen. Wie raſch
haben z. B. bei uns die geſetzlichen Beſtimmungen über die Darlehen
im baaren Gelde gewechſelt. — Da nun alles Gewordene nur aus
ſeinem Werden begriffen werden kann, ſo müſſen wir, um die Rechtsinſtitute und Rechtsregeln des öſterreichiſchen Geſetzbuches gründlich zu
verſtehen, ihre hiſtoriſche Entſtehung in's Auge faſſen — d. h. wir
müſſen das geſchichtliche Element im Rechte berückſichtigen.

---

1) Gerber. Zur Charakteriſtik der deutſchen Rechtswiſſenſchaft. Tübingen 1851.
S. 22.

Es gab eine Zeit, wo man glaubte, alles Recht im Staate ent-stehe erst aus den Gesetzen: so lange es keine Gesetze gebe, gebe es kein Recht, und es sei Sache des Gesetzgebers, nicht bloß Gesetze, sondern das Recht selbst zu machen. Diese Ansicht ist heute allgemein aufgegeben. Man sieht heutzutage das Gesetz nur als das Organ des Rechtes an, als Erkenntniß- nicht als Entstehungsgrund des Rechtes[1]). Man hält dafür, der Gesetzgeber mache nicht das Recht, sondern spreche das schon vorhandene Recht nur aus. Darüber aber, wo das Recht vorhanden sei, welches der Gesetzgeber zum klaren Ausdruck bringe, darüber also, was die Quelle des Rechts sei, ist man verschiedener Ansicht. Die Einen meinen, die Quelle des Rechts liege in der menschlichen Vernunft und aus ihr könne man a priori ein Gesetzbuch schöpfen, welches für alle Zeiten und Völker tauglich sei. Diese Ansicht hat zur Zeit der Abfassung der modernen Gesetzbücher ziemlich allgemein geherrscht. So meint Zeiller, daß man die Frage aufwerfen könne, ob wir denn im Staate überhaupt einer öffentlichen Gesetzgebung über die Privatrechte bedürfen, da „alles Recht ursprünglich von der Vernunft ausgeht und eben daher schon die Rechtsphilosophen in ihren Systemen uns hierüber den Vernunftcodex vorlegen, und da wir im Staate die Rechte nicht erst von dem guten Willen der Machthaber empfangen, sondern nur unter ihrem Schutze, der von einer höhern Macht (der Vernunft) ver-liehenen Rechte sicher theilhaftig werden sollen"[2]). Nach der entgegenge-setzten Ansicht — und ihre Begründer und Hauptvertreter sind Hugo, Savigny und Puchta — ist das Recht nur ein Erzeugniß des inner-sten geheimnißvoll wirkenden Volksgeistes, eine Seite des gesammten Volkslebens gleich der Sprache, der Sitte, der Religion. Diese Schule bezeichnet man gewöhnlich als die historische, — eine Bezeichnung, welche in so ferne unrichtig ist, wenn man damit ausdrücken will, daß das exclusive Element dieser Schule die Vergangenheit sei[3]). Denn diese Richtung lebt ebenso kräftig für die Gegenwart, als sie auch für die Zukunft vorbereitend wirkt. In ihrer vollen schroffen Einseitigkeit ist die erstere jener beiden Ansichten wohl nie zur Geltung gelangt. In Frankreich versuchte man wohl im Zeitalter der Revolution etwas Der-artiges ernstlich, indem man einem Verein von Philosophen die Ab-

---

1) S. Koch Lehrbuch des preuß. gem. Privatrechts. 1845. Bd. I. §. 1. Note 10.

2) Jährlicher Beitrag zur Gesetzeskunde. 1836. Bd. I. S. 4. und Comment. I. Vorrede.

3) Savigny System Bd. I. S. XIV. XV.

faſſung des neuen Code übertragen wollte [1]), mußte aber bald davon
abgehen. Auch das öſterreichiſche Geſetzbuch kann demnach nicht als ein
bloßer Vernunftrechtscodex angeſehen werden, zu deſſen Verſtändniß und
Darſtellung das Studium des Naturrechts genügen würde, ſondern es
iſt zu betrachten als eine Aufzeichnung des damals in Oeſterreich be-
ſtandenen Rechts mit jenen Modificationen, welche der Geſetzgeber zu
treffen für zweckmäßig fand. Zum wiſſenſchaftlichen Verſtändniß des
öſterreichiſchen Geſetzbuches iſt daher eine genaue Kenntniß des älteren
Rechts nothwendig und der frühere Studienplan ſelbſt ſchrieb aus dieſem Geſichtspunkte den Lehrvortrag des römiſchen Rechts vor, „da
dieſes Recht als erſte Grundlage zur neuen Geſetzgebung diente.“ Ja
auch Zeiller ſelbſt meint, „daß der Rechtsgelehrte, wenn er ſeiner
Beſtimmung zu Folge die Geſetze, d. h. den Willen des Geſetzgebers
vollſtändig, dem wahren Umfange gemäß erklären ſolle, ſich der Pflicht
nicht entſchlagen könne, den Gründen der Geſetze in den allgemeinen
Rechts-Principien, in dem ganzen Zuſammenhang der Geſetzgebung
und in der Geſchichte nachzuforſchen“[2]). Aus dem Studium des
öſterreichiſchen Geſetzbuches allein kann man daher nimmermehr zu einer
wiſſenſchaftlichen Erkenntniß und Erklärung deſſelben gelangen. Es
war ſomit eine Illuſion, wenn man glaubte, daß mit der Einführung
des neuen Geſetzbuches das Studium des Rechts erleichtert würde: es
wurde vielmehr erſchwert, wie ich ſpäter deutlicher zeigen werde. In
ſeiner berühmten Schrift über den Beruf unſerer Zeit zur Geſetzgebung
ſprach Savigny im Jahre 1814 mahnend die Worte aus: „Daſſelbe
hiſtoriſch begründete Rechtsſtudium, welches vor Einführung der neuern
Geſetzbücher nothwendig war, iſt auch durch ſie nicht im Geringſten
entbehrlicher geworden, und es wird insbeſondere gar nichts geleiſtet,
wenn man glaubt, ſich um ihretwillen nur mit einer oberflächlichen
Darſtellung des bisherigen Rechtes behelfen zu können“ (S. 136 der
2. Aufl.) Und in ſeinem Syſtem des heutigen römiſchen Rechts wider-
holte er dieſen Ausſpruch (S. 104): „Eine gründliche Einſicht in die
neuern Geſetzbücher iſt nur dadurch möglich, daß ihr Inhalt auf ſeinen
erſten Urſprung zurückgeführt wird, ſo daß durch dieſelben ein erſchöpfen-
des Studium der früheren Rechtsquellen um gar nichts entbehrlicher
geworden iſt, wie ſehr ſich auch Viele mit einer ſolchen Erleichterung
der juriſtiſchen Arbeit geſchmeichelt haben mögen.“ Dieſelbe Anſicht hat

---

1) Zachariä Hbb. des franzöſ. Civilr. 5. Ausg. §. 9 S. auch Marſchner, die
Anfechtungen der neueren Civilgeſetzbücher 1853. S. 15 — 16.

2) Jährliche Beiträge. Bd. IV. S. 74.

mit andern Worten bereits Schuster vier Jahre nach Erscheinen des
österreichischen Gesetzbuches ausgesprochen und für dieselbe Anhänger
zu gewinnen gesucht. Allein er konnte sie nicht finden, da die exclusive
Herrschaft der exegetischen Methode in den ersten Decennien nach
dem Erscheinen des österreichischen Gesetzbuches eben durch jene that=
sächlichen Bedingungen begründet und gerechtfertiget wurde, von welchen
ich bereits früher gesprochen habe. In neuerer Zeit aber macht sich
nunmehr auch die Erkenntniß der Nothwendigkeit, auf das früher in
Oesterreich bestandene Recht zurückzugehen, lebhaft geltend[1]. Für das
Criminalrecht hat diese Nothwendigkeit Hye in einem im Jahre 1844
erschienenen Aufsatz[2]), für das Civilrecht Berger in einem gegen
Wildner=Maithstein geistreich geführten Streit[3]), für die gesammte
Rechtswissenschaft Perthaler in seiner Inaugural=Dissertation „Recht
der Geschichte"[4]), Rößler in seiner Schrift „über die Bedeutung und
Behandlung der Geschichte des Rechts in Oesterreich"[5]) und der zu
früh verstorbene Chabert in der Vorrede zu seinem Bruchstück der
österreichischen Rechtsgeschichte[6]) ausgesprochen. Auf dieses früher in
Oesterreich bestandene Recht werde ich in meinen Vorträgen in einer
übersichtlichen, zusammenfassenden Darstellung stets zurückzugehen suchen.
Dieses ältere Recht aber ist das römische Recht, modificirt durch das
canonische Recht und die gemeinrechtliche Doktrin und Praxis, und
das deutsche Recht, insbesondere wie es sich in den österreichischen Pro=
vinzen gestaltet hat. —

Ich erlaube mir. auf die Bedeutung und den Einfluß, welchen
ich dem älteren Rechte auf die gegenwärtige Gesetzgebung einräume,
noch näher einzugehen, weil sich gerade in dieser Hinsicht in neuerer
Zeit Ansichten geltend gemacht haben, welche ich nicht zu theilen vermag
und über die ich mich klar aussprechen muß, um den Charakter, den
meine Vorlesungen tragen sollen, schärfer zu zeichnen.

Das eingehende Studium des römischen Rechts hat bei der wis=
senschaftlichen Behandlung des österreichischen Gesetzbuches eine doppelte
Bedeutung. Da, wo wir eine Uebereinstimmung der Grundsätze des

---

1) S. die Einleitung zu meiner Besprechung des Entwurfes eines bürgerl.
Gesetzb. für Sachsen. Wien 1853.

2) Zeitschr. für österr. Rechtsgelehrs. 1844 Bd. I. S. 353 ff.

3) Jurist XII. S. 262 ff.

4) Wien 1840.

5) Prag 1847.

6) Abgedruckt in den Denkschriften der kais. Akadem. d. Wiss. Philos. hist. Classe.
Bd. III. IV. Abthlg. II.

österreichischen Rechts mit jenen des römischen erkennen, wird uns die ganze reiche Ausbildung, welche diesen Grundsätzen durch Jahrhunderte lange Doktrin und Praxis zu Theil geworden ist, zu Gute kommen. Wollten wir von dieser Ausbildung keinen Gebrauch machen, so hieße dieß in der That wie Schuster sagt, die Rechtsgelehrtheit auf ihre Entstehung zurückführen, das geistvolle Wirken, welches die Jurisprudenz durch mehrere Jahrhunderte allmälig zu einer Wissenschaft erhoben hat, verachten und bei Reichthümern darben wollen. Da hingegen, wo wir eine von den Grundsätzen des römischen Rechts abweichende Entscheidung im österreichischen Gesetzbuche treffen, soll uns dieß dazu dienen, diese Abweichung zu vollständigerem Bewußtsein und zu schärferer Erkenntniß zu bringen, um uns zu hüten, Ansichten des reinen römischen Rechts in das österreichische Gesetzbuch hinüberzuspielen[1]). Diese Abweichung vom römischen Rechte ist in manchen Lehren mit bestimmtem Bewußtsein gemacht worden, während der Gesetzgeber an andern Stellen nur die reinen Grundsätze des mißverstandenen römischen Rechts aufzunehmen glaubte. Das römische Recht wurde nämlich im Kampf mit dem deutschen Recht mannigfach modificirt. Da es nicht für alle Bedürfnisse ausreichte, und insbesondere manchen nationellen Eigenthümlichkeiten nicht entsprach, so entstand allmälig eine umbildende Doctrin und Praxis, ein usus modernus Pandectarum, wodurch die Aussprüche des reinen römischen Rechts in einem Sinne genommen wurden, der ihnen fremd war. Die neueste Wissenschaft des römischen Rechts hat das glänzende Verdienst diese unrichtige Auffassung beseitigt und das römische Recht in der vollen Reinheit und Consequenz seiner Grundsätze wieder dargestellt zu haben. Wollte man aber diese restaurirten und restituirten Grundsätze des römischen Rechts in die Praxis jener Länder, wo das gemeine Recht gilt, oder durch gezwungene Auslegung etwa gar in die neuen Gesetzbücher übertragen, wollte man also „zurückromanisiren", wie Bornemann ein solches Verfahren nennt[2]), so beginge man einen großen Verstoß gegen die Grundsätze der historischen Schule selbst. Denn das römische Recht wurde eben mit jener Auffassung seiner Aussprüche recipirt, durch die Praxis mannigfach modificirt und aus dem auf solche Art modificirten Rechte schöpfte der Gesetzgeber im vorigen Jahrhundert und im Beginne des jetzigen. So hat, um eines Beispiels zu erwähnen, Mühlenbruch in seinem berühmten Werke über die Cession gezeigt, daß es nach römischem Rechte keine Singularsuccession in Obligationen gebe. Die Praxis

1) Vergl. Schuster in seinen angeführten Vorreden.
2) Systematische Darstellung des preuß. Civilr. Bd. 1, §. 1,

der frühern Jahrhunderte nahm den entgegengesetzten Grundsatz
an, und wir finden denselben in allen modernen Gesetzbüchern.
Wir würden daher die Anforderungen des Lebens und die Bedürfnisse
des Verkehrs verkennen, wollten wir die gewonnene Erkenntniß des
reinen römischen Rechts in die Praxis einführen¹). Da also, wo wir
Abweichungen vom römischen Rechte in unserm Gesetzbuche finden, werden wir nicht die Kritik üben. Auch unrichtige Meinungen sind, inso-
ferne sie auf das österreichische Gesetzbuch Einfluß gehabt haben, als
Rechtsquelle anzusehen, und die Aufgabe besteht nicht darin, die Unrich-
tigkeit zu dem Zweck zu zeigen, um zu beweisen, daß die gesetzliche
Bestimmung in dem österreichischen Gesetzbuche aus einem Mißverständ-
nisse hervorgegangen sei, und daß sie deßhalb abgestellt werden müsse;
sondern sie besteht wesentlich darin, die Gründe dieser, wenn gleich
unrichtigen Meinung zu untersuchen und anzugeben, um dieselben bei
der weitern Ausbildung der dadurch gewonnenen Ansicht, oder zur Erklärung der daraus entstandenen gesetzlichen Norm zu benutzen²). Ich
erlaube mir ein Beispiel zu geben. Es ist heutzutage ziemlich allgemein
anerkannt, daß die Lehre vom Titulus und Modus acquirendi in dem Sinn,
daß bei der Erwerbung aller dinglichen Rechte ein titulus nothwendig
sei, eine unrichtige sei. Dennoch treffen wir sie im österreichischen Gesetzbuche
und es erklärt sich dieß eben aus der Doctrin des vorigen Jahrhunderts,
auf welche daher stets zurückgegangen werden muß. Unsere Aufgabe
muß es nunmehr sein, die Lehre vom Titulus und Modus im Sinne
des österreichischen Gesetzbuches zu begründen, zu erkennen, wie sie
durch die einzelnen Rechtsinstitute sich hindurchziehe und in zweifelhaften
Fällen dieser Lehre gemäß zu entscheiden. So werden wir im Geiste
des österreichischen Gesetzbuches behaupten, daß da, wo keine Grund-
bücher eingeführt sind, die Servituten nicht schon durch Vertrag, sondern
erst durch Tradition erworben werden, obwohl die neuesten Civilisten
fast allgemein die gegentheilige Entscheidung fällen³).

Bluntschli hat in der Vorrede zu seinem jüngst erschienenen

---

1) Die Möglichkeit einer Singularsuccession in Obligationen wird in
einer interessanten Schrift für das moderne Recht vertheidigt von Delbrück: Die
Uebernahme fremder Schulden nach gemeinem und preuß. Rechte. Berlin 1853. Auch
Seuffert hat dieselbe behauptet in seinem praktischen Pandektenrecht §. 298. N. 4.
Dafür spricht sich auch Brinz kritisch. Blätter Nr. 2 S. 34 und Windscheid in der
„Kritischen Ueberschau der deutschen Gesetzgebung von Arndts, Bluntschli und Pözl"
aus (S. 28 ff.) Vergl. jetzt auch Beseler System d. deutsch. Privatr. Bd. II. S. 280 ff.

2) Koch, Recht der Forderungen. Thl. I. S. III.

3) Anderer Ansicht ist in diesem Falle bekanntlich Vangerow.

deutschen Privatrecht treffliche Worte über das Verhältniß der neueren Forschungen über römisches Recht zur Praxis gesprochen. Er sagt (S. XIV ff.): „Die Fortschritte in der romanistischen Erkenntniß waren von neuen Fehlern in der heutigen Praxis begleitet. Gar nicht selten war in dem mißverstandenen römischen Rechte der Praktiker ein Kern modernen Rechtsgefühls enthalten, ihre römischen Irrthümer waren zuweilen deutsche Wahrheiten. Hat nun die neuere Wissenschaft jenen Irrthum aufgedeckt und zerstört, so hat sie oft die darin verborgene Wahrheit zugleich — gleichsam mit dem Bade das Kind — weggeworfen. Und wenn sie durch neue Untersuchungen mit verbesserten Hilfsmitteln neue Aufschlüsse über den Sinn des römischen Rechts gewonnen hat, hat sie nicht selten die wunderliche Zumuthung an die Praxis gestellt, daß von jetzt an der neugefundene alte Rechtssatz als Gesetz zu verehren und anzuwenden sei. . . . Hätte sie für den neugefundenen Rechtssatz um seiner innern Wahrheit willen Beachtung gefordert, dann hätte diese Forderung einen guten Sinn gehabt. . . . dann aber war es auch gleichgiltig, ob derselbe in dem Corpus juris Justinians geschrieben stand oder nicht. Aber sie hat jene Zumuthung gewöhnlich auf die legale Autorität des recipirten römischen Rechts gestützt und ganz übersehen, daß jener Rechtssatz doch unmöglich von unsern Vorfahren recipirt worden sein konnte, da sie von ihm nichts gewußt hatten!" Ich habe diese Stelle ausführlich angeführt, weil manche Vorwürfe, welche von gelehrten Romanisten in neuerer Zeit den modernen Gesetzbüchern, welche gerade die praktischen Bedürfnisse oft am besten befriedigt haben, gemacht worden sind, in ihr ihre Widerlegung finden, und weil es erkannt werden muß, daß die neueren Forschungen der römischen Civilisten nur dann für uns von praktischer Bedeutung sind, wenn sie die innere Natur der Sache, das rationale nicht aber das nationale Element im römischen Rechte aufhellen.

Das Studium des deutschen Rechts soll uns dazu dienen, sowohl jene Rechtsinstitute gründlich zu erkennen, welche sich stets freier vom Einflusse des römischen Rechts erhalten haben, als auch die Modificationen zu begreifen, welche das römische Recht bei seiner Reception in Deutschland erlitten hat. Die Rechtsinstitute, in welchen sich das deutsche Recht reiner erhalten hat, gehören hauptsächlich dem Familienrechte an. Auch das österreichische Gesetzbuch enthält insbesondere in dieser Hinsicht viele echt deutsche Elemente [1]). Ich verweise in dieser

---

1) Ueber die deutschen Elemente im bürgerlichen Gesetzbuche f. Gaupp. a. a. O. u. Weiske in der allgem österr. Gerichtszeitnng.

Beziehung auf das Rechtsinstitut der älterlichen Gewalt, auf das Ehe-
recht und insbesondere auf das Güterrecht der Ehegatten, welches spe-
zifisch deutsch ist. Aber auch in andern Beziehungen schlägt das deutsche
Element durch. So z. B. in der Auflassung von unbeweglichen Gü-
tern (§. 434 des bürg. Gesetzb.). Das deutsche Recht hat sich in
den verschiedenen Theilen des deutschen Reiches verschieden gestaltet.
Es hat sich in den mannigfachen Territorien zu eigenen Formationen
ausgebildet. So hat es auch auf der gemeinsamen nationalen Grundlage in jenen Provinzen des österreichischen Kaiserstaates, welche zum
deutschen Reiche gehörten, eine particuläre Gestaltung gewonnen. Aus eben
diesen Provinzen — es sind Böhmen, Mähren, Schlesien, Ober- und Nieder-
Oesterreich, Steiermark und Vorderösterreich [1] — wurden aber von Maria
Theresia, als zuerst der Gedanke gefaßt wurde, ein einheimisches bür-
gerliches Gesetzbuch auszuarbeiten, Männer berufen, und ihnen die Weisung ertheilt, das diesen Provinzen gemeinsame Recht klar aufzustellen.
Auf dieses Provinzialrecht, auf diese Gestaltung des deutschen Rechts
als speciell-österreichischen Rechts werden wir daher stets zurückgehen
müssen, wenn wir zur gründlichen Erkenntniß der Gegenwart auf die
Vergangenheit zurücksehen wollen.

So wie bei dem römischen Rechte, so werden wir uns auch bei
dem deutschen Rechte hüten müssen, solche Grundsätze, welche erst die
moderne Wissenschaft gewonnen oder reiner dargestellt hat, in's Gesetzbuch übertragen zu wollen. Auch hier kommt es auf die Doctrin des
vergangenen Jahrhnnderts an: denn in dieser war der Gesetzgeber gebildet.

Römisches und deutsches Recht, Doctrin und Praxis des vorigen
Jahrhunderts: das sind die geschichtlichen Elemente, aus denen die
österreichische Gesetzgebung hervorgegangen ist. Aus diesen Elementen
aber ist die Entstehung aller Lehren und die Abfassung aller Rechtsregeln des österreichischen Gesetzbuches noch nicht vollkommen zu begreifen. Es gehörte dazu eine Kenntniß der wissenschaftlichen Ansichten und
der gelehrten Bildung jener Männer, welche an der Redaction des
österreichischen Gesetzbuches gearbeitet haben. Dadurch aber wird eben
das wissenschaftliche Studium eines Gesetzbuches erschwert, indem auch
dieses Element noch hinzukommen muß, um das Recht vollkommen
zu verstehen. Um aber zu jener Kenntniß zu kommen, ist außer einer
Bekanntschaft mit der Bildungsgeschichte dieser Männer, eine Kenntniß
der Schriften vonnöthen, aus welchen sie geschöpft haben, und insbe-

---

[1] Zeiller Vorbereitung I. S. 20.

fondere eine genaue Einsicht in die Protocolle der gesetzgebenden Com=
mission [1]). Leider sind diese Materialien des österreichischen Gesetz=
buches nicht durch den Druck veröffentlicht und daher nicht allgemein
zugänglich. Wir müssen uns daher mit dem Commentar Zeiller's
begnügen, der uns am besten über die Absicht des Gesetzgebers aufklärt,
und uns von Schritt zu Schritt über den beabsichtigten Inhalt und Umfang
jeder gesetzlichen Anordnung unterrichtet. So weit das historische Element.

Das österreichische Gesetzbuch ist aber nicht das einzige, welches
aus den angegebenen Factoren entstanden ist. Auf der gleichen Grund=
lage, auf der römisch=deutschen Basis sind vor ihm andere Gesetz=
bücher entstanden und entstehen andere nach ihm. Sie alle haben
das gemeinschaftlich, Ausdruck des modernen Rechtsbewußtseins zu sein.
So wie daher einerseits die neuesten Bearbeiter des gemeinen Rechts
auf die modernen Gesetzeswerke Rücksicht nehmen, um die Rechtsgedanken
darzustellen, welche in unserer Zeit überhaupt auf Anerkennung und
Beachtung einen natürlichen Anspruch haben [2]), also um ein modernes
jus gentium im römischen Sinn des Wortes zu gewinnen und darzu=
stellen, so soll auch andererseits jedes der neuern Gesetzbücher nicht
bloß als ein abgeschlossenes vereinzeltes Recht betrachtet, sondern darauf
geachtet werden, wie sich derselbe Grundgedanke in den Codificationen
der übrigen Länder ausgesprochen und gestaltet habe. Es sollen daher
auch bei der wissenschaftlichen Behandlung des österreichischen Gesetz=
buchs die übrigen Gesetzbücher berücksichtigt, d. h. das vergleichende
Element ausgebildet werden [3]). Auch Zeiller spricht in seinem Auf=
satz über die Erfordernisse eines guten Commentars [4]), von der Noth=
wendigkeit, auf die übrigen Gesetzbücher der neuern Zeit Rücksicht zu
nehmen. Er sagt: die Kenntniß der übrigen Gesetzbücher, welche mit
dem unsrigen auf eben derselben Grundlage beruhen, ist zur Ergänzung
und Erweiterung der Kenntnisse in dem Civilrechte sehr nützlich, und
verweist in seinem Commentar stets auf die einschlägigen Stellen der
andern Gesetzbücher. Das comparative Element dient aber nicht bloß

---

1) Koch, Recht der Forderungen Bd. I. S. II. ff. Savigny, im Beruf un=
serer Zeit zur Gesetzgebung.

2) Bluntschli a. a. O. S. XVI. Seuffert Archiv der Entscheid. der oberst.
Gerichtshöfe. Bd. I. Vorrede.

3) Ueber comparative Jurisprudenz s. Savigny in der Zeitschrift für ge=
schichtliche Rechtswissenschaft III. S. 5. Falck juristische Encyclopädie S. 306. Bie=
ner a. a. O. S. 627 ff.

4) Jährliche Beiträge Bd. IV. S. 69—77. S. auch die Weisung Maria The=
resien's an die Compilations=Commission.

dazu, durch Hervorhebung der Unterschiede und der Uebereinstimmung das gegenwärtige Recht unserer Heimath beſſer zu begreifen, es gewährt noch einen weit höhern Vortheil, der ſich auf die Fortbildung unſeres Rechts be-zieht. Auf dieſen Punkt komme ich am Schluſſe meines Vortrages noch zurück.

Sollen das hiſtoriſche und das vergleichende Element in ihrer Bedeutung erhalten werden, ſoll die Hiſtorie nicht zu einer Sammlung von Rechtsantiquitäten, die Vergleichung nicht zu einer bloßen ſchematiſchen Nebeneinanderſtellung herabſinken, ſo muß die Philoſophie des Rechts hinzutreten, welche uns lehrt, den Rechtsſtoff nicht als einen ruhenden, ſondern als einen ſich fort-während weiter entwickelnden zu begreifen und in dem Rechte aller Zeiten und aller Nationen die Fortbildung der Ideen des Rechts zu erkennen. Dieſe Philoſophie des Rechts ſieht das Recht nicht in ſeiner Iſolirung an, als das Recht dieſes oder jenes Volkes, ſondern es be-trachtet die verſchiedenen Rechte der Völker nur als Entwicklungsſtufen der Einen Idee des Rechts [1]). Dieſe Philoſophie iſt daher weder jenes ideale Naturrecht, welches von allen gegebenen Verhältniſſen abſieht und ſich ſeinen Inhalt willkürlich gibt. Es iſt auch nicht jene ſogenannte Philoſophie des poſitiven Rechts, welche in der Vergleichung des po-ſitiven Rechts mit Principien beſteht, welche man ſich ſelbſt ausgedacht hat, und alles gewordene Recht an einem Maßſtab mißt, der nicht in ihm, ſondern außer ihm, in der Idee des Beſchauers liegt [2]). Es iſt vielmehr jene Philoſophie, welche ſich innig an das Gegebene anſchließt, welche ſich in das Poſitive vertieft, um aus dem Concreten das Allge-meine, aus dem bunten Spiel der Erſcheinungen das Weſen heraus-zufinden, um in dem Wechſelnden und Wandelnden den treibenden Ge-danken zu begreifen [3]). Es iſt jene Philoſophie, welche ſich in die Grenzen einer poſitiven Wiſſenſchaft begibt und von welcher Feuer-bach [4]) treffend ſagt: „daß ſie nicht ſchaffend, ſondern bildend wirke; daß ſie den gegebenen Stoff formen, nach Ideen geſtalten und geiſtig bele-ben könne; aber daß ſie die Materie ſelbſt weder hervorbringe, noch ihr etwas nehme von dem, was ſie urſprünglich in ſich ſelber habe."

---

1) Puchta a. a. O. §. 32.

2) Böcking a. a. O. §. 3, S. 3.

3) Ich habe dieſe Anſicht von der Bedeutung der Philoſophie für das Studium des Rechts bereits im Jahre 1851 in der Recenſion der Philoſophie des Rechts von Hafner ausgeſprochen Haimerl's Magazin Bd. IV.

4) Feuerbach in der Vorrede zu Unterholzner Abhandlung. 1810. S. X. S. auch deſſen Schrift: Ueber Philoſophie und Empirie in ihren Verhältniß zur poſitiven Rechtswiſſenſchaft. 1804.

Exegese und Systematik, Historie und Vergleichung und die sie alle umfassende und umschlingende Philosophie sind daher die Elemente, welche erfordert werden, um eine wissenschaftliche Theorie des bürgerlichen Rechtes hervorzubringen.

Gelingt es uns diese Elemente harmonisch zu verbinden und sie zu einer organischen Einheit zu verarbeiten, so haben wir uns über den Standpunct der Gesetzeskenntniß zu dem der Rechtswissenschaft erhoben, und haben jene Theorie des österreichischen Privatrechts gewonnen, von welcher Schuster mit Recht sagt, daß sie mit magischer Kraft den Geist veroffenbare, welcher dem Gesetzbuche zu Grunde liege, daß sie bei Anwendung der Gesetze, wenn deren Buchstabe schweige, uns sicher leite und gegen Irrthümer einzig und allein zu verwahren vermöge, weßhalb auch von derselben das Gedeihen und die Besserung der Rechtspflege wesentlich abhänge. Diese Theorie wird daher mit der Praxis in keinem Gegensatze stehen, sie wird vielmehr die Grundlage einer gesunden Praxis abgeben. Man ist gewohnt, die Theorie als den Gegensatz der Praxis anzusehen und theoretisch und unpractisch für gleichbedeutend zu halten. Ja man findet juristische Arbeiten theoretisch gut, aber practisch unbrauchbar. Eine solche Theorie meine ich nicht. Denn, wie Kierulff von der gemeinen Civilrechtes sagt, so ist auch nur jene Theorie des österreichischen Civilrechts die wahre, welche Rath für die Praxis ist, welche das vorbringt, was die Praxis brauchen kann, und das abstract auslegt und proponirt, was die Praxis concret realisirt [1]. Sie brauchen daher nicht zu fürchten, meine Herren, daß Sie durch Vorträge in der hier angedeuteten Art zwar im besten Falle nicht üble Theoretiker, aber schlechte Practiker würden. Wir werden vielmehr mit Hilfe der auf die angegebene Art zu gewinnenden Theorie all' die mannigfaltigen Fragen zu lösen versuchen, welche die Praxis und das tägliche Leben in bunter Mannigfaltigkeit erzeugt. Wir werden sie mit Hilfe dieser Theorie im Geiste des österreichischen Gesetzbuches zu lösen suchen. Wir werden uns also bei zweifelhaften Fragen weder auf das römische Recht als solches (in dubio pro jure Romano) [2] noch auf das deutsche Recht als solches berufen, sondern wir werden stets aus dem österreichischen Civilrechte heraus entscheiden. Das ältere Recht soll uns zwar als Erklärungs-, nimmermehr aber als Entscheidungsquelle dienen. Auf

---

1) Kierulff. a. a. O. S. XXIV. vergl. S. 34, Rt.
2) Diese, wie ich glaube, ganz unrichtige Ansicht von der Bedeutung des rö-

diese Art allein können wir den Vortheil erreichen, aus dem Gesetzbuche allein, gleich den Schöffen des Mittelalters aus dem kargen Stadt-rechte [1]) zu entscheiden, ohne deßhalb in jene gefährliche Willkür zu verfallen, in die Jener heutzutage geräth, dem die gründliche Theorie fehlt [2]).

Wie aber diese Theorie des österreichischen Civilrechts uns lehrt, das gegenwärtige Recht wissenschaftlich zu erkennen, so ist sie es auch, welche für die Zukunft vorbereitend arbeitet. Ein Gesetzbuch schließt die Rechtsbildung eines Volkes immer nur für die Vergangenheit ab. Man hat zwar bei der Abfassung der neuen Gesetzbücher geglaubt, man könne die frische Bildung des Rechts mitten aus dem reichen Leben des Volks heraus für alle Zukunft bannen, und hat daher das Gewohnheits-recht gänzlich oder theilweise zu beseitigen gesucht (vergl. §. 10 des österr. Gesetzbuches). Allein so wenig eine noch so vortreffliche Gram-matik die Sprache derart in Fesseln schlagen kann, daß sie nicht den neuen Anforderungen des Lebens sich fügen, un dmit diesem selbst in neue Bahnen und neue Verbindungen eintreten sollte, so wenig kann ein noch so gelungenes Gesetzbuch die rechterzeugende Thätigkeit einer Nation in Bande legen. Wird auch die Gewohnheit in einem Gesetzbuche nicht als Rechtsquelle anerkannt, und wird ihr daher als solcher auch kein obrogatorischer und derogatorischer, kein ergänzender und erläutern-der Einfluß auf das promulgirte Gesetz gestattet [3]), so kann dadurch dennoch die Bildung neuer Rechtsanschauungen und Gewohnheiten nicht verhindert werden, welche im Verlaufe der Zeit zur Abfassung eines neuen Gesetzbuches oder zur Revision des bestehenden führen mögen. „Der kundige Beobachter nimmt daher bei allen Fixirungen und Codi-ficationen des Rechts mit besonderem Interesse wahr, wie in der wei-tern Entwicklung das Leben selbst doch immer wieder stärker ist, als der geschriebene Buchstabe eines solchen Codex. Daher werden immer wieder Aenderungen im Einzelnen, Ausnahmen von der Regel noth-wendig, bis am Ende die bisherige Regel selbst zur Ausnahme wird,

---

mischen Rechts für das österreichische Gesetzbuch hat Schwamet in seiner Antritts-vorlesung ausgesprochen. S. Haimerl's Magazin Bd. IV. S. 1 ff.

1) Rechtliche Bedenken zu dem Entwurfe eines bürgerl. Gesetzbuches für Sachsen. 1853. S. 15.

2) Savigny Beruf. S. 114.

3) Renaud, deutsch. Privatr. I. S. 76 geht jedenfalls zu weit, wenn er be-hauptet, daß auch da, wo das Gesetz den derogatorischen Einfluß der Gewohnheit un-tersage, derselbe dennoch stattfinde.

ein späteres Geschlecht also eine neue Regel aufstellen und einen neuen
Abschluß mit der Vergangenheit vornehmen muß" [1]). Die natürliche
fortbildende Kraft des Volksrechts wird daher, wie Savigny sagt,
nicht durch den an sich zufälligen Umstand aufgehoben, daß ein früheres
Erzeugniß desselben die Form der Gesetzgebung angenommen hat [2]).
Nirgends ist man mehr geeignet, dies anzuerkennen, als im Handelsrecht,
aber auch in andern Theilen des bürgerlichen Rechts muß diese Bemerkung für wahr befunden werden. Nun ist aber zu Folge der eigen-
thümlichen Entwicklung und Gestaltung der modernen Lebensverhältnisse
das Gewohnheitsrecht mit dem wissenschaftlichen Recht größtentheils
identificirt [3]). Die rechtserzeugende Thätigkeit des Volks hat sich größtentheils in den Juristenstand zurückgezogen und wird von ihm als dessen
Repräsentanten geübt. Dieses Element der juristischen Thätigkeit ist es,
welches Savigny das politische nennt, und dasselbe ist schon im Mit-
telalter anerkannt worden, indem neue die Vorschriften des positiven Rechts
abändernde Rechtssätze unter dem Titel einer consuetudo generalis,
Italiae, totius mundi von den Schriftstellern und Gerichten zur Geltung
gebracht wurden [4]). Daher bekommt die Theorie des Civilrechts die hohe
Aufgabe, diese rechtserzeugende Thätigkeit zu lenken und zu leiten, das
Recht fortzubilden und es zur künftigen Fassung in Form des Gesetzes
vorzubereiten. Dieß ist der Beruf der Theorie für die Zukunft. Es
gibt Lücken im Gesetzbuch, welche von der wissenschaftlichen Thätigkeit
nicht dadurch ausgefüllt werden, daß sie Sätze zu gewinnen sucht, welche
sich als Consequenzen aus dem bereits bestehenden Rechte ergeben, oder
Folgerungen aus der immer tiefer und gründlicher erkannten Natur und
Wesenheit der Sache sind. Die juristische Thätigkeit stellt auch Sätze
auf, welche nicht durch wissenschaftliche Operation vermittelt, sondern
unmittelbare rechtliche Volksüberzeugungen sind, Sätze, welche sich in
dem gemeinsamen Rechtsbewußtsein des Volkes finden. Dort, wo die
Bildung und Geltung eines Gewohnheitsrechts anerkannt ist, bildet
diese Thätigkeit des Juristenstandes ein Organ des Gewohnheitsrechts.
Anders bei uns (§§. 18, 12 des a. b. G. B.) Hier hat diese Thätigkeit
lediglich die Bedeutung und die Kraft eines doctrinellen Ausspruchs.
Aber man muß sich des wesentlichen Unterschiedes in der Gewinnung

---

1) Gaupp. a. a. O. S. 98—99.
2) System I. §. 13.
3) Vergl. Savigny im System Bd. I. und im Beruf unserer Zeit.
4) Biener S. 493.

und in der Bedeutung solcher Sätze wohl bewußt werden. So sind die meisten unserer Commentatoren z. B. der Ansicht, daß Derjenige, der öffentlich dem Finder seiner verlornen Sache eine über den gesetzlichen Finderlohn hinausgehende Prämie verspricht, dieselbe dem glücklichen Finder entrichten müsse, so wie daß Derjenige, der auf das beste Stück u. s. w. einen Preis ausschreibt, denselben entrichten müsse u. s. w. Man muß sich aber darüber klar werden, daß diese Sätze nicht durch Consequenz aus dem schon bestehenden Rechte gewonnen werden (vgl. §§. 861, 862 des bürg. Gesetzb.). Diese Sätze werden lediglich dadurch gewonnen, daß man die rechtliche Ueberzeugung des Volks von der Verpflichtung des Auslobers, seine nicht widerrufene Zusage zu erfüllen, erforscht und ausspricht. Lücken im Gesetzbuch werden somit in manchen Fällen von der Theorie dadurch ausgefüllt, daß sie auf das gemeinsame Rechtsbewußtsein des Volks achtet, und von diesem gemeinsamen Rechtsbewußtsein des Volks sind, wie ich glaube, die allgemein natürlichen Rechtsgrundsätze des §. 7 zu verstehen [1]. — In diesem Rechtsbewußtsein steht nun aber das österreichische Volk nicht allein: es theilt dieses Bewußtsein mit den übrigen Völkern, deren Recht auf romanischgermanischer Grundlage beruht. Die Legislation und insbesondere die wissenschaftliche Theorie, welche bei diesen Nachbarvölkern herrscht, wird daher sorgfältig zu beachten sein, um zu erfahren, welchen Ausdruck dieses Rechtsbewußtsein bei den übrigen Völkern in der Form des Gesetzes gewonnen habe und wie die Theorie in den Nachbarländern die sich hierbei ergebenden Fragen löse. Dieß ist jenes für die Fortbildung des Rechts wichtige Moment, worauf ich bei der Besprechung der Vortheile und der Wichtigkeit der vergleichenden Jurisprudenz früher hingedeutet habe.

Wie schwer es sei, eine solche Theorie zu gewinnen, ist Niemandem klarer, als mir. Auch bin ich weit entfernt zu glauben, daß ich, der Einzelne, Das richten könne, was nur das Werk Vieler sein kann. Ich bringe ein sehr geringes Vertrauen in meine Kräfte, dagegen größere

---

1) Unter Auslegung interpretatio im weitern Sinne — und in diesem weitern Sinn ist das Wort in der Marginalrubrik zu §§. 6—7 genommen — ist die gesammte wissenschaftliche Entwicklung und Ausbildung des Rechts zu verstehen. Diese begreift in sich 1) die Auslegung im engeren Sinn d. h. die Erforschung und Darstellung des Sinnes, der wirklich im Gesetze liegt (§. 6), 2) die Analogie d. h. die Entscheidung übergangener Fälle in dem Geist des Gesetzbuchs (§. 7, 1. Hälfte), 3) die Aufstellung von Sätzen, welche keine Consequenzen aus dem schon bestehenden Rechte sind, sondern unmittelbare Volksüberzeugungen, welche der Juristenstand als Repräsentant des Volks in rechtlichen Dingen ausspricht. (§. 7, 2. Hälfte).

Hoffnung auf meinen ernsten Willen und mein eifriges Bestreben mit. Es ist die Wissenschaft, welche sich selbst Zweck und Ziel ist, die ich vor Augen habe. Alles was darüber hinausgeht, was die Wissenschaft bloß als Mittel zu diesem oder jenem Zweck ansieht, bleibt mir und meinen Vorträgen in jeder Beziehung fern und fremd. Ich habe daher auch die hier besprochene Methode ganz allein aus dem Grunde meinen Vorträgen zu Grunde gelegt, weil ich durch eingehendere Studien zu der rein wissenschaftlichen Ueberzeugung gelangt bin, daß man durch sie allein das Recht, dessen Entstehung und Fortbildung begreife. Vielleicht gelingt es mir, Sie, meine Herren, von der Richtigkeit meiner Ansichten zu überzeugen und Sie für die hier entwickelte Behandlung des österreichischen Civilrechts zu gewinnen, Sie mögen dann gemeinschaftlich ausführen, was ich nur andeuten konnte. Sie mögen dann die mannigfachen Irrthümer und Lücken berichtigen und ausfüllen, welche sich in meine Darstellung unfehlbar einschleichen und in ihr fühlbar machen werden. Ich werde dann meine beste Mühe vom schönsten Erfolg belohnt sehen.

www.ingramcontent.com/pod-product-compliance
Lightning Source LLC
Chambersburg PA
CBHW070757180526
45168CB00004B/1651